Lieferung 9 Preis 1 Mark

Gesamtpreis des Werkes gebunden 25 Mark

DIE ZEICHENKUNST

METHODISCHE DARSTELLUNG DES GESAMTEN ZEICHENWESENS

UNTER MITWIRKUNG
VON
A. ANDĚL, LUDWIG HANS FISCHER, M. FÜRST, O. HUPP, A. KULL, KONRAD LANGE, A. MICHOLITSCH, ADOLF MÖLLER, PAUL NAUMANN, F. REISS, A. v. SAINT-GEORGE, KARL STATSMANN, R. TRUNK, J. VONDERLINN UND HERMANN WIRTH

HERAUSGEGEBEN
VON

KARL KIMMICH

ZWEITE
VERBESSERTE UND VERMEHRTE AUFLAGE

MIT 1157 ABBILDUNGEN IM TEXT
UND 60 TAFELN IN FARBEN- UND LICHTDRUCK

23 LIEFERUNGEN à 1 MARK UND 2 EINBANDDECKEN à 1 MARK
KOMPLETT IN 2 ORIGINALLEINENBÄNDEN 25 MARK

LEIPZIG
G. J. GÖSCHEN'SCHE VERLAGSHANDLUNG

Einzelne Lieferungen werden nicht abgegeben

Die Abnahme von Lieferung 1 verpflichtet zum Bezug des ganzen Werkes

Mit einer horizontalen Linie a b soll durch einen anderen Punkt a′ eine Parallele gezogen werden (Fig. 613). Man zieht durch a eine geometrische Horizontale und trägt auf dieser eine beliebige Größe a c zweimal ab, zieht die Linien c b bis y und d b bis x. Desgleichen zieht man durch a′ eine Horizontale und macht a′ c′ d′ gleich a c d, zieht c′ y und d′ x, die sich in b′ schneiden: die Linie a′ b′ ist perspektivisch parallel mit a b.

Vermehrung auf- und absteigender Parallellinien.

Soll eine aufsteigende Linie a b vermehrt werden, so fällt man von b ein Lot auf die Grundebene gleich b c, zieht durch c eine Horizontale und macht c d gleich b c. Ferner zieht man durch a eine Horizontale, nimmt inmitten des Bildes den beliebigen Punkt x an, zieht x c bis e und x d bis f; die Strecke e f ist nun perspektivisch gleich c d, oder die Strecke c d ist in e f dem Auge so nahe gebracht als der Punkt a.

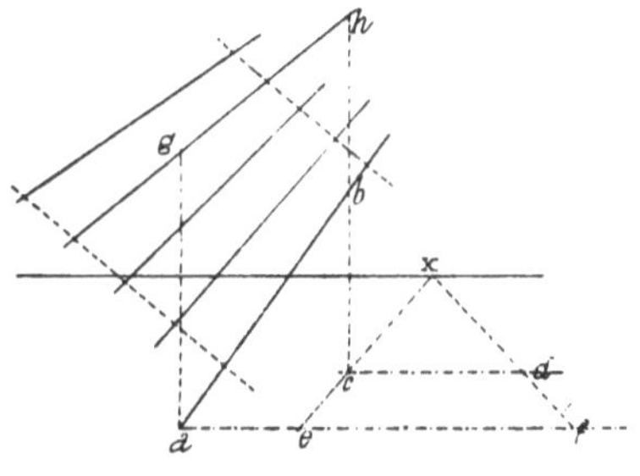

Fig. 614.

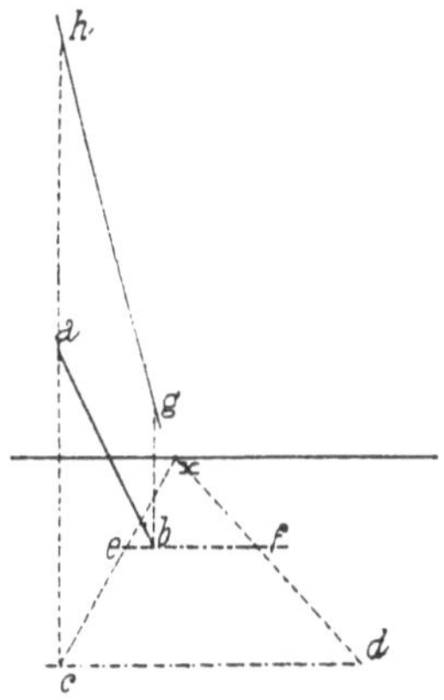

Fig. 615.

Errichtet man in a eine Senkrechte und macht sie gleich e f, verlängert b c um sich selbst nach oben und zieht g h, so ist diese parallel a b. Durch die Annahme beliebiger, aber unter sich geometrisch paralleler Leitlinien können die beiden Parallelen a b und g h nach Bedarf vermehrt werden (Fig. 614).

Ähnlich ist die Konstruktion, wenn es sich um eine absteigende Linie a b (Fig. 615) handelt. Man fällt von a ein Lot a c auf die Grundebene, zieht durch c eine Horizontale, die man in c d gleich a c macht. Desgleichen zieht man durch b eine Horizontale, nimmt den Punkt x beliebig an (der Augpunkt versieht den gleichen Dienst) und zieht x c und x d, wodurch man die Strecke e f perspektivisch gleich c d erhält. Die Senkrechte b g macht man gleich e f und verlängert a c um sich selbst nach oben gleich a h, zieht g h, so ist diese Linie parallel mit a b.

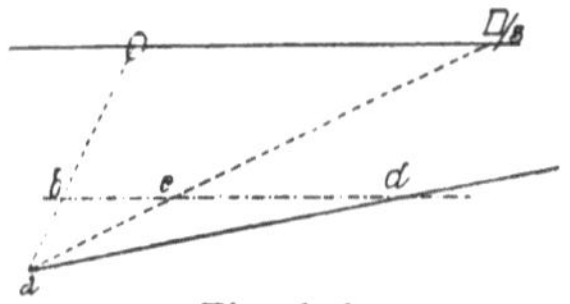

Fig. 616.

In Figur 616 hat man einen bestimmten Punkt a; man soll von diesem aus eine Linie nach dem Distanzpunkt ziehen. Augpunkt und $D/_3$ sind vorhanden. Man verbindet a zunächst mit den vorhandenen Hilfspunkten, zieht durch den erhaltenen Winkel die beliebige Horizontale b c, trägt die Strecke b c zweimal von c aus auf der Horizontalen ab, so daß c d das Doppelte der Linie b c beträgt. Die Linie a d würde bei entsprechender Verlängerung nach dem Distanzpunkt treffen.

Ermittelung des Horizonts aus vorhandenen perspektivischen Parallellinien.

Hierzu dienen bei Figur 617 zwei senkrechte Linien, die geometrisch gleich, aber verschieden weit vom Auge entfernt sind und infolgedessen ungleich erscheinen. Es würde nur der Verbindungslinien a c und b d und ihrer Verlängerung bis zum Schnittpunkt bedürfen; weil dieser aber

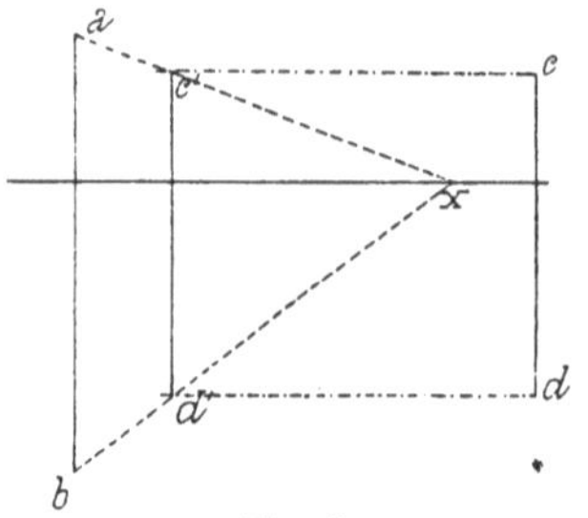

Fig. 617.

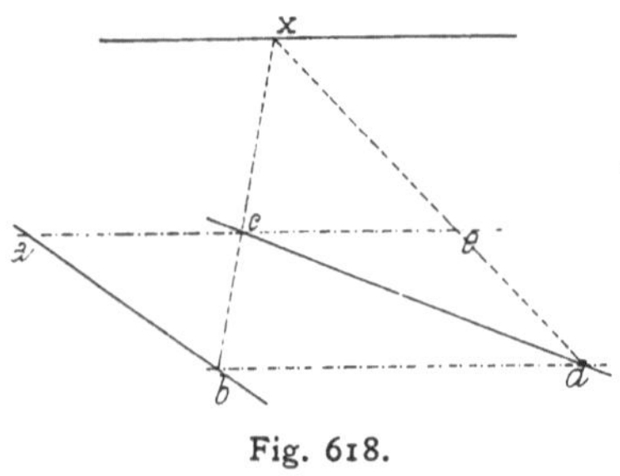

Fig. 618.

unerreichbar ist, so bewegt man die Linie c d parallel mit der Bildfläche bis c′ d′, zieht die Linien a c′ und b d′, die sich in x als einem Punkt des Horizonts schneiden. Ebenso kann aus der Lage zweier beliebiger horizontaler Parallellinien a b und c d auf den Horizont geschlossen werden (Fig. 618). Man zieht die beiden geometrischen Horizontalen a c und b d, trägt die Strecke a c nach c e ab und zieht b c und d e bis zu ihrem Schnittpunkt x, der die Höhe des Horizonts angibt.

Ableitung der Hilfspunkte aus der Lage eines perspektivisch rechten Winkels.

Hat man den Horizont und im Bild einen durch das Augenmaß bestimmten rechten Winkel, so können aus der Lage desselben alle Hilfspunkte abgeleitet werden, ohne daß die Fluchtpunkte der Winkellinien notwendig wären. In b a c (Fig. 619) ist ein rechter Winkel bestimmt — Horizont und Augpunkt sind vorhanden. Man zieht die be-

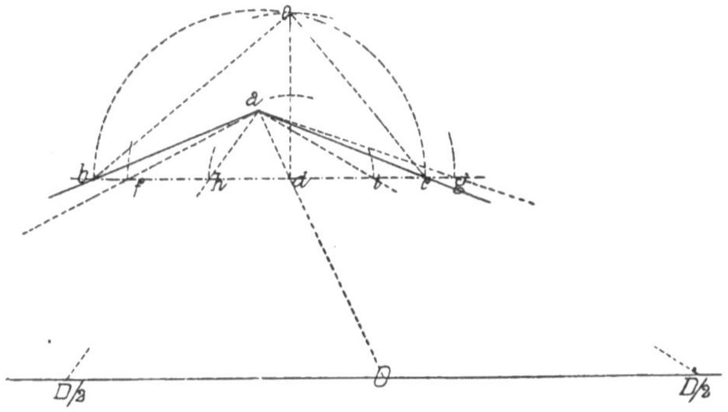

Fig. 619.

liebige Horizontale b c und zieht den Halbkreis über dieser Strecke, verbindet den Scheitelpunkt a mit dem Augpunkt, das ergibt den Schnittpunkt d, in welchem man ein Lot auf der Linie b c errichtet, was den Punkt e gibt; zieht man die Linien e b und e c, so erhält man das geometrische Dreieck e b c, welches genau dem perspektivischen a b c entspricht. e d ist gleich a d. Trägt man die Strecke e d nach d f und d g ab, zieht die Linien a f und a g, so würden diese bei ihrer Verlängerung auf die Distanzpunkte treffen. Sind aber diese nicht erreichbar, so sucht man wenigstens die halbe Distanz zu ermitteln, indem man die Hälfte der Linie e d nach d h und d i trägt und die Linien a h und a i bis zum Horizont führt.

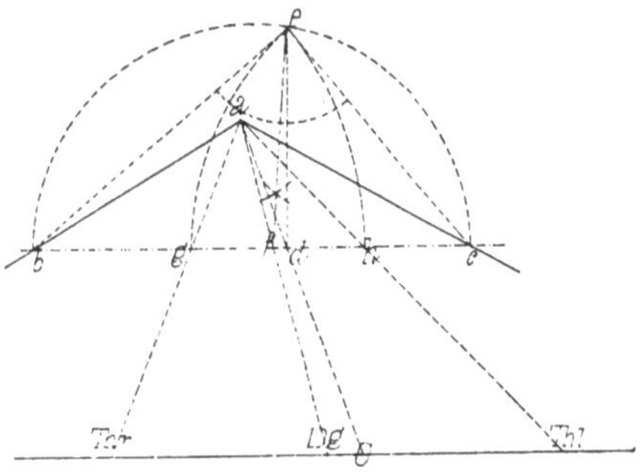

Fig. 620.

Zur Ermittlung des Diagonalpunktes Dg halbiert man den rechten Winkel bei e, was Punkt f (Fig. 620) ergibt, und zieht a f bis Dg. Führt man von c aus den Punkt e im Kreis nach g und zieht die Linie a g bis

Thr, so ist dieser Punkt der Teilungspunkt für die Linie a c und alle, die mit ihr parallel laufen. Ebenso ist der Teilungspunkt Thl für die Linie a b zu bestimmen. Ist aber ein perspektivisch rechter Winkel nicht vorhanden, sondern soll erst bestimmt werden, so muß die Distanz (oder ein Bruchteil) bekannt sein. Hat man z. B. eine Linie a b (Fig. 621) und soll in a einen rechten Winkel anlegen, so verbindet man den Punkt a mit dem Augpunkt und dem vorhandenen halben Distanzpunkt, zieht eine beliebige Horizontale c e und errichtet in d eine Senkrechte, auf welcher man die Strecke d e von d aus zweimal abträgt gleich d f, zieht c f und legt an diese Linie in f einen geometrischen rechten Winkel an, der die Horizontale in g schneidet, zieht a g, so ist der Winkel c a g ein perspektivisch rechter. Hätte man statt $D/_2$ nur $D/_3$, so müßte man die Strecke d e dreimal auf der in d errichteten Senkrechten abtragen.

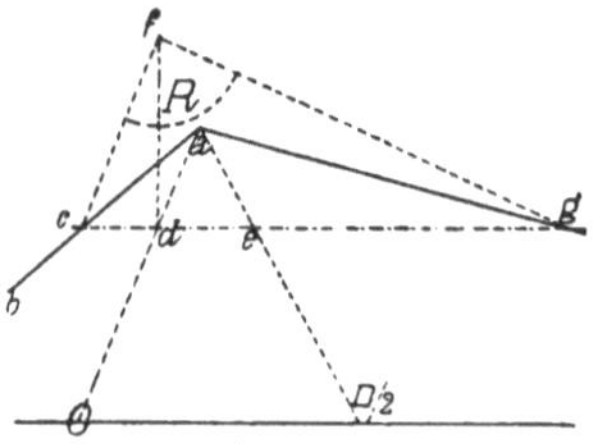

Fig. 621.

Schiefe Linien und Flächen.

Dieselben haben ihren besonderen Horizont, der erst aus der Neigung der betreffenden Linie zur Grundebene gesucht werden muß. Wenn sich eine aufsteigende Linie parallel mit der Hauptebene, also in der

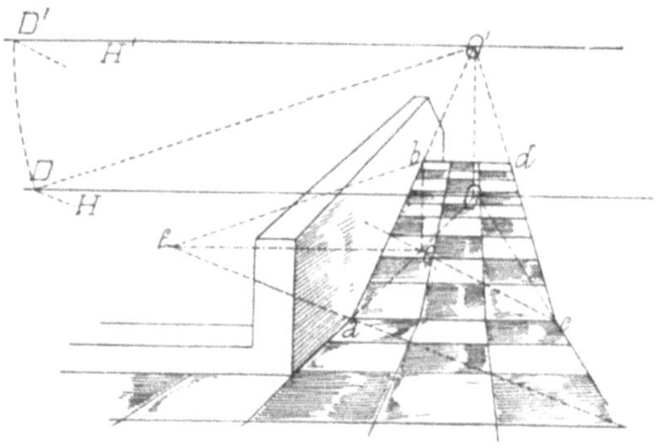

Fig. 622.

Richtung des Augpunkts fortbewegt, so muß der Fluchtpunkt dieser Linie sich senkrecht über dem Augpunkt befinden. Der Neigungswinkel kann leicht gefunden werden, wenn man das rechtwinkelige Dreieck a e b (Fig. 622) um die Seite b e parallel zur Bildfläche dreht, so daß die Ecke a nach f kommt. Um die quadratische Teilung der horizontalen Fläche auch auf der ansteigenden auszuführen, bringt man die Strecke O′ D im Kreis nach O′ D′; Punkt D′ versieht den gleichen Dienst für die schiefe Fläche, wie D für die horizontale.

Bei Figur 623 ist die ansteigende Fläche senkrecht zur Bildfläche, weshalb die Kante a b nach dem Augpunkt geht. Die Kante a d ist

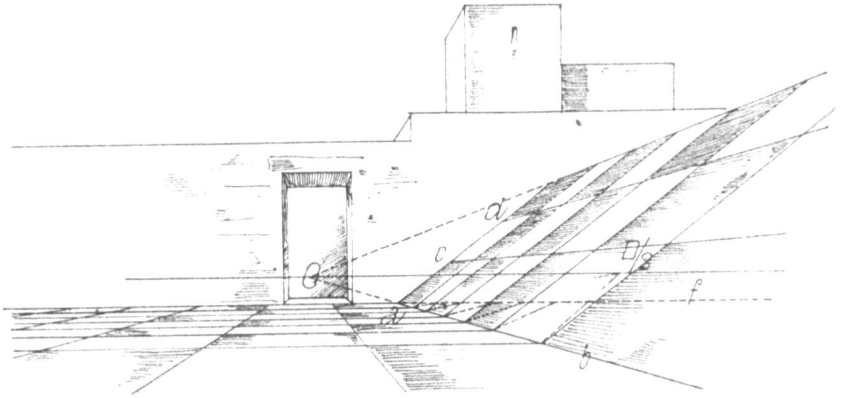

Fig. 623.

parallel zur Bildfläche und kann für die Quadratteilung geometrisch behandelt werden. Bringt man die angenommene Teilung a c usw. nach der Linie a f, so kann dieselbe durch den Distanzpunkt nach der Linie a b gebracht werden. In vorliegendem Fall ist die halbe Distanz angewendet, weshalb die Strecke a c zu halbieren ist.

Darstellung von Dachformen mit Verwendung des perspektivischen Grundrisses.

F und F′ sind als Fluchtpunkte der rechtwinkelig zusammenstoßenden horizontalen Kanten beider Häuser angenommen. Man zeichnet das perspektivische Rechteck a b c d (Fig. 624) als Grundform des einen Hauses möglichst weit unter dem Horizont. Die Diagonalen ermöglichen auf die einfachste Weise die Bestimmung der Giebelspitzen und das gleichmäßige Abtragen der Punkte f und e für die Kanten des Dachvorsprungs. Durch die Linie g′ m′ (aus g m) wird der Anschluß der kleinen Dachfirst an die große Dachfläche erreicht; ebenso wird durch die Linien h′ i′ und k′ l′ die Form des Schornsteins über dem Dach bestimmt. Auf die gleiche Weise wird beim zweiten Haus aus dem Grundriß a′ b′ c′ d′ die ganze Dachform samt den Anbauten dargestellt.

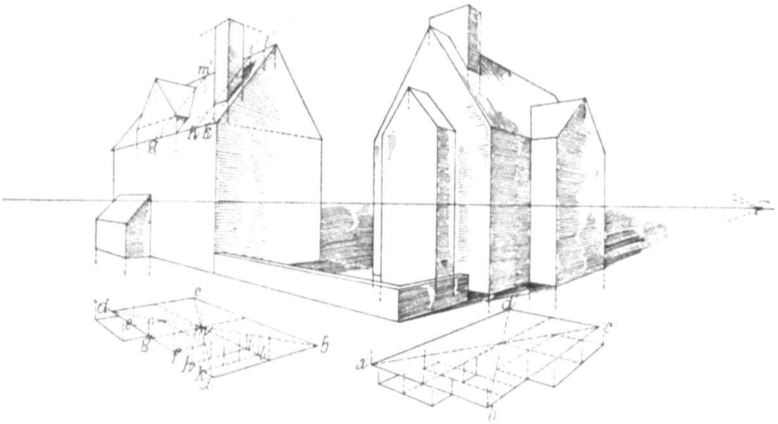

Fig. 624.

Die Grundform der beiden Türme (Fig. 625) ist ein Quadrat. Zieht man in diesem die Diagonalen und errichtet im Schnittpunkt eine Senkrechte, so muß auf dieser die Dachspitze liegen.

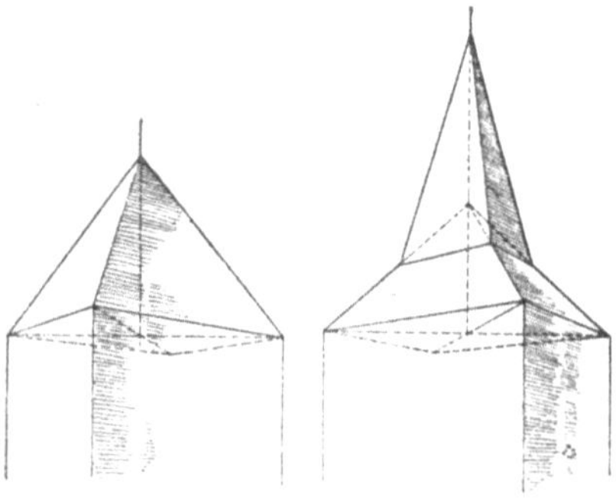

Fig. 625.

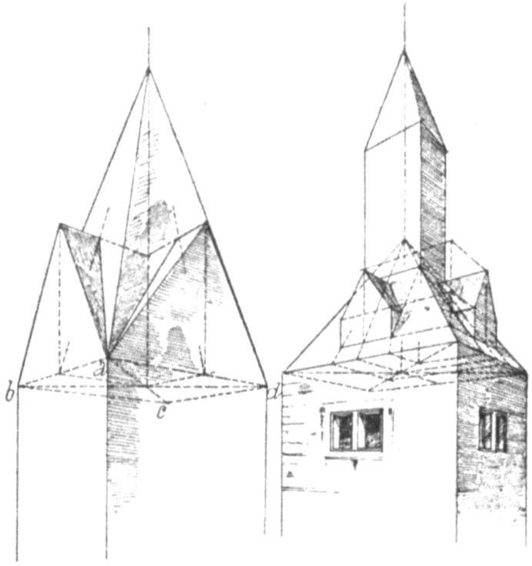

Fig. 626.

Bei dem Turm links (Fig. 626) ist die ganze Dachkonstruktion aus dem Grundriß a b c d zu ermitteln; bei dem rechts genügt die Senkrechte aus dem Schnittpunkte der Diagonalen.

Anwendung von Kreisfiguren.

Sämtliche horizontale Kreise (Fig. 627) werden wie bei Figur 604 bestimmt, indem man zuerst ein Quadrat zeichnet, dessen Seitenlänge mit dem Durchmesser des Kreises übereinstimmt. Für den oberen

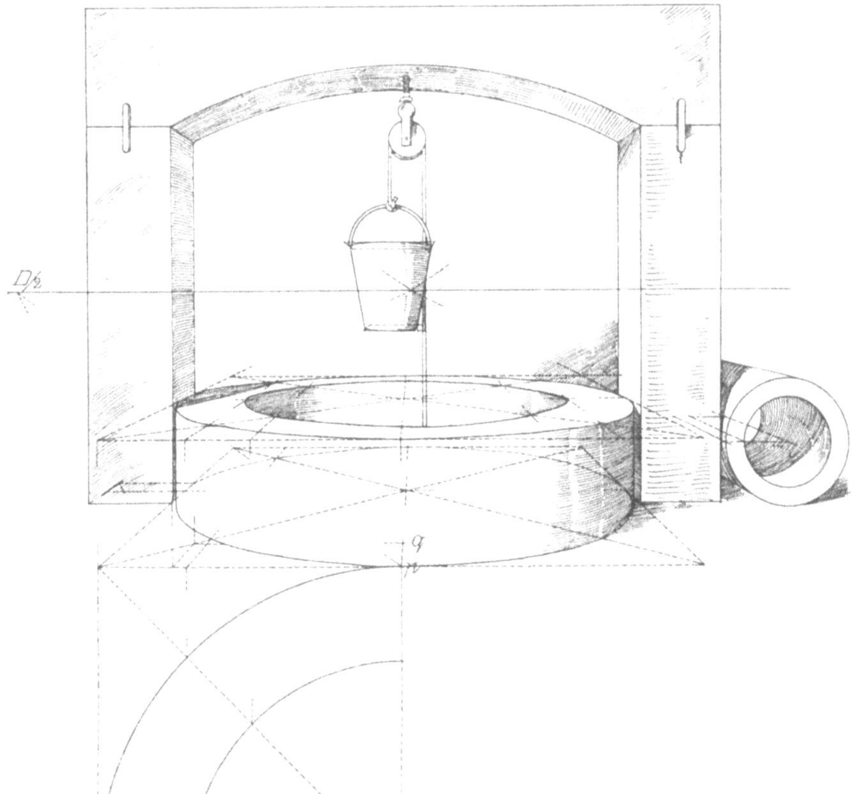

Fig. 627.

äußeren Brunnenrand dient ein Quadrat von gleicher Größe, dessen Ecken senkrecht über denen des unteren Quadrats liegen. Für den inneren Brunnenrand muß ein kleinerers Quadrat gezeichnet werden. Auf die gleiche Art werden die Kreise am Eimer bestimmt, während die beiden Kreissegmente des Querbalkens als mit der Bildfläche parallel mit dem Zirkel von p und q aus gezogen werden können. Das gleiche ist mit den Rändern der am Boden liegenden Röhre der Fall.

Bei Figur 628 soll über einer Türöffnung ein Bogenabschluß gezeichnet werden. Die Wand ist parallel mit der Hauptebene; die halbe Distanz ist vorhanden. Die Linie a b soll für den ersten Halbkreis als Basis dienen, b c ist ihre halbe geometrische Größe, die man nach b d abträgt; d ist der Mittelpunkt für den Kreis b o n e. Die Punkte o n

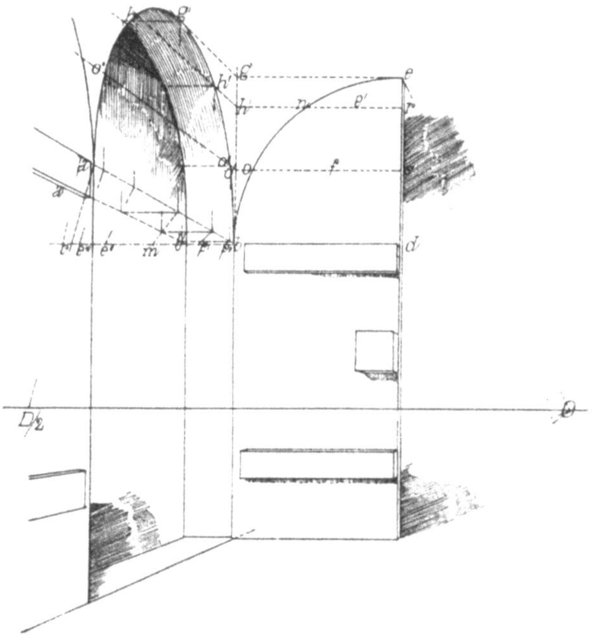

Fig. 628.

und e werden horizontal nach o′ h′ g gebracht und von hier durch den Augpunkt in die Wandfläche hereingezogen. Die Strecke c b wird in m halbiert; ebenso halbiert man die Strecken n r in e′ und trägt die Hälfte von m aus zu beiden Seiten auf der Linie b c nach e″ und f′ ab. Auch o s wird in f halbiert und die Hälfte von m aus nach e‴ f″ abgetragen, worauf man sämtliche Punkte der Linie b c durch den Teilungspunkt $D/_2$ nach der Linie a b überträgt und in den gefundenen Punkten Senkrechte errichtet, wodurch sich die Punkte h, h′, g′, o″ des verkürzten Kreises ergeben. Die Fußpunkte dieser Senkrechten können hierauf auf die Linie a′ b′ gebracht werden, wodurch man dann die Punkte des zweiten

Kreises findet. Der geometrische Viertelkreis ist in vorliegendem Fall für den Torflügel verwendet worden. Der andere Torflügel als mit der Wandfläche zusammenfallend wird auf die gleiche Art wie der erste perspektivische Kreis gefunden.

Übertragung perspektivischer Größen.

Überträgt man die Höhe der Figur links (Fig. 629) als der gegebenen auf die Senkrechte d c und verbindet die beiden Punkte mit dem Augpunkt, so müssen die beiden Verbindungslinien für die Größe jeder Person maßgebend sein, die sich auf der Linie d O fortbewegt.

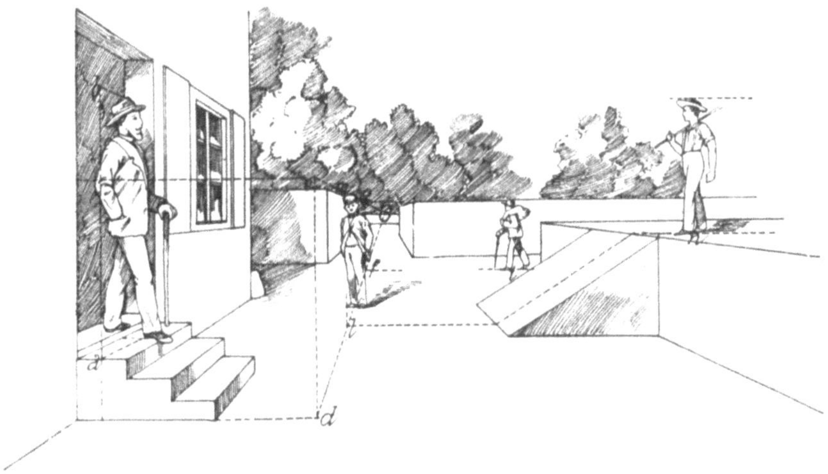

Fig. 629.

Soll eine Figur bei Punkt i stehen, so bestimmt man zwischen den Linien c O und d O eine Senkrechte, die vom Auge gleiche Entfernung hat, wie Punkt i. Diese Senkrechte ist f g, also ist f g für die Höhe der bei i stehenden Figur anzunehmen. Für die bei n stehende Figur ist das Lot l m als Höhe maßgebend.

Innenräume. (Fig. 630.)

Horizont und Augpunkt sind als bekannt angenommen. Zur Aufsuchung der Hilfspunkte ist der rechte Winkel bei a maßgebend, worauf man, wie bei Figur 619 angegeben, die Vierteldistanz $D/_4$, den Diagonalpunkt Dg und die halben Teilungspunkte Th/$_2$ r und Th/$_2$ l findet. Die Schenkel des rechten Winkels bei a werden nach Bedarf vermehrt, um danach die nötigen Kanten der Wände, Türe, des Schrankes und Tisches zu bestimmen. Für die weitere Form des Schrankes ist dessen Grundriß, das Rechteck d e f g, maßgebend, in welchem man den rechten

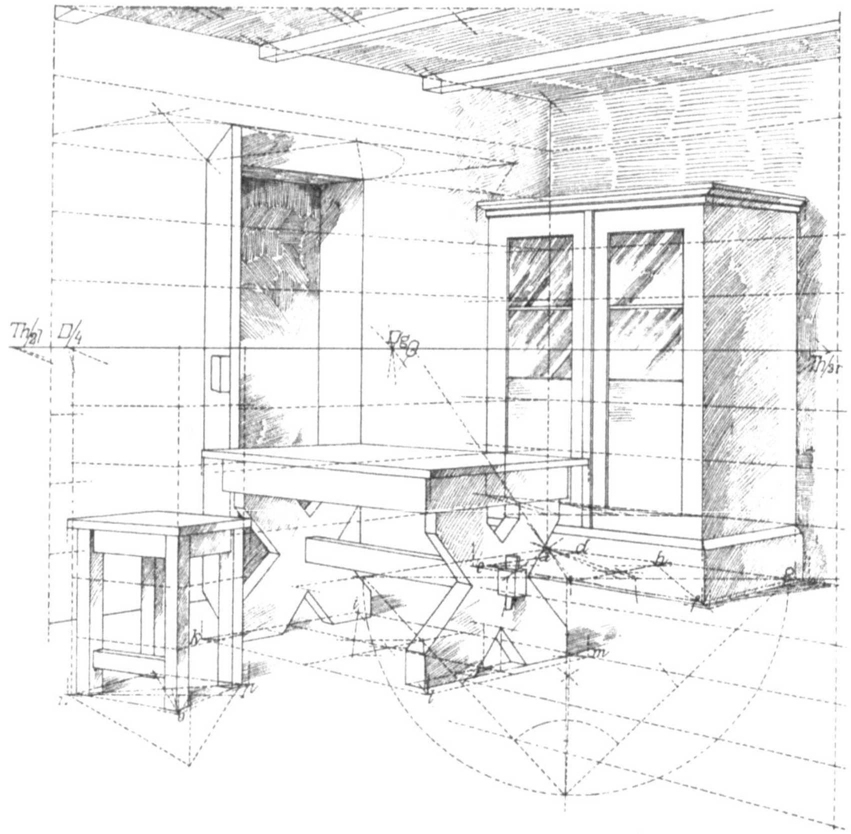

Fig. 630.

Winkel bei f durch den Diagonalpunkt halbiert. Die Halbierungslinie schneidet die durch die Diagonalen zu bestimmende Mittellinie in h, wodurch man in h e die Halbierungslinie für den rechten Winkel bei e hat. Diese Halbierungslinien sind notwendig, um die ausladenden Gesimse des Schrankes genau bestimmen zu können. Zur Einteilung der Vorderseite dient der Teilungspunkt Th/$_2$ l. Der Tisch hat parallele Stellung zur Wand; die vorhandenen Horizontalen können also auch zu seiner Bestimmung gebraucht werden, wobei man wieder von seiner Grundform i k l m ausgeht, ebenso wie beim Schrank die rechten Winkel halbiert, um die Ausladung der Tischplatte auf allen Seiten gleich zu machen. Der Stuhl hat eine andere Stellung; von ihm ist nur die Linie n o bekannt und es muß der rechte Winkel bei o erst gesucht werden, wobei man wie bei Figur 621 verfährt. Die Horizontalen n o und o p müssen für sich vermehrt werden, um die Grundform des Stuhles und seine Kanten zu finden.

Perspektivische Beleuchtungslehre.

Befindet sich am Horizont, etwa bei S, ein leuchtender Punkt (Fig. 631), so werden die von diesem Punkte ausgehenden Lichtstrahlen sich auf der Grundebene fortbewegen, oder der Ausgangspunkt der Licht-

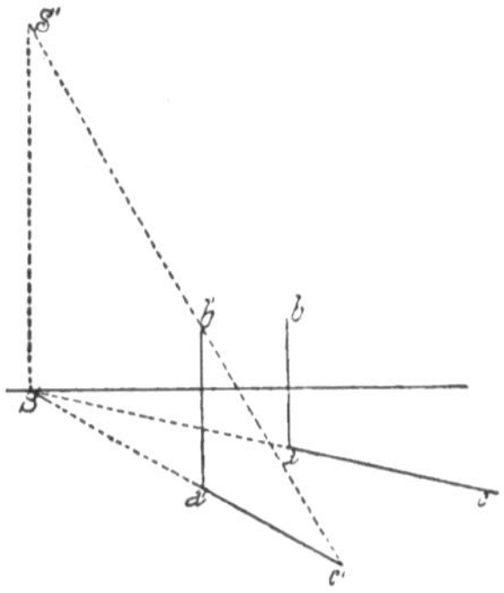

Fig. 631.

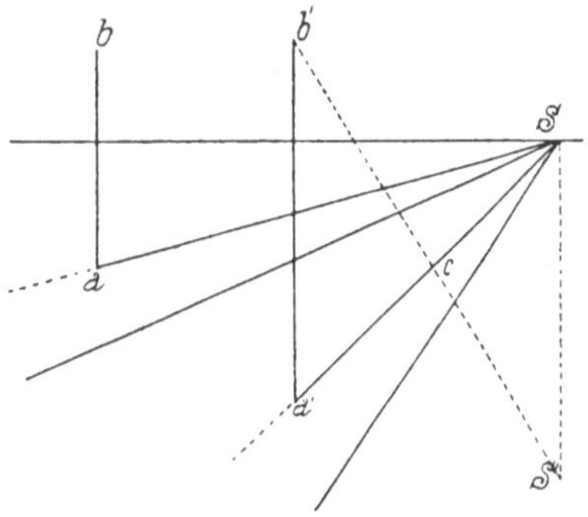

Fig. 632.

strahlen fällt mit ihrem Fluchtpunkte zusammen. Hat man in a b eine zur Grundebene senkrechte Linie, verbindet S mit dem Fußpunkt a, so stellt die Linie a c den Schatten vor, den die Senkrechte a b auf die Grundebene wirft. In diesem Falle würde sich, weil die Lichtstrahlen horizontal sind, der Schatten endlos fortziehen. In der Natur läßt sich ähnliches beobachten, wenn in dem Moment, in welchem die Sonne über dem Horizont erscheint, alle Gegenstände endlose Schatten über die Ebene werfen. Hat sich aber der lichtspendende Punkt von S nach S′ erhoben, so wird zwar die Richtung des Schattens der Linie a b die gleiche sein, aber derselbe hat nun eine bestimmte Länge. Zieht man nämlich von S′ aus einen Lichtstrahl durch b′ bis c′, so ist a′ c′ die Länge des Schattens. Mit dem Erscheinen des Lichtpunktes S am Horizont ist die

Richtung der Strahlen und damit des Schattens gegeben, während die Lage des Punktes S′ für die Neigung der Lichtstrahlen und damit für die Länge des Schattens maßgebend ist.

Man hat also in b′ a′ c′ ein sogenanntes Lichtdreieck, dessen Hypotenuse b′ c′ mit der Lichtrichtung zusammenfällt. Denkt man sich diese Lichtebene ins Unendliche fortgesetzt, so muß sie den lichtspendenden Punkt S′ enthalten, und die Linie S S′ ergibt die Verschwindungslinie dieser Lichtebene.

Befindet sich aber der leuchtende Punkt rückwärts vom Beschauer, so daß die horizontal sich fortbewegenden Lichtstrahlen in S ihren Fluchtpunkt haben (Fig. 632), so wird die Linie a S den auf die Grundebene geworfenen Schatten der Linie a b vorstellen. Die durch die Punkte b a S bestimmte Lichtebene würde, nach rückwärts verlängert, den leuchtenden Punkt enthalten. Wird letzterer höher angenommen, so bleiben die Lichtstrahlen nicht mehr horizontal, sondern bilden abwärts steigende Linien, die ihren Fluchtpunkt unter dem Horizont haben, und zwar auf der zum Horizont senkrecht stehenden Verschwindungslinie der Lichtebene. Nimmt man in S′ den Fluchtpunkt der Lichtstrahlen an und zieht b′ S′, so erhält man in a′ c den Schatten der Linie a′ b′. Die Figur b′ a′ c stellt das Lichtdreieck vor, das diesmal seine Spitze c dem Horizont zukehrt.

Die Wahl der Punkte S S′, d. h. Lichtrichtung und Lichtneigung, ist beliebig. Sie werden eben so anzunehmen sein, daß man eine möglichst wirkungsvolle Beleuchtung im Bilde erzielt.

Ist bei Figur 633 durch die Punkte S S′ die Lichtrichtung gegeben, so erhält man in a b den Schlagschatten der Linie a a′, soweit er auf die Grundebene fällt; das Stück b c des Schattens wird senkrecht und c d gleich a b nach S gerichtet. Als Schlagschatten der Kanten e f und f g ergeben sich die Linien e h, h i und i k, so daß als Schlagschattenfläche des Prismas die Figur e h i k erscheint.

Betreffs der Schattenform ist zu merken: Der Schatten einer senkrechten Linie auf eine senkrechte Fläche wird wieder senkrecht; der Schatten einer wagrechten Linie auf eine wagrechte Fläche wird mit der Linie parallel, hat also denselben Fluchtpunkt. Ist eine Linie zur Bildfläche parallel, so muß auch ihr Schatten zur Bildfläche parallel laufen.

Fällt der Schatten einer senkrechten Linie a b auf eine schiefe Ebene (Fig. 634), so muß man die Durchdringungslinie der Lichtebene mit der gegebenen schiefen Ebene bestimmen. Man errichtet in S eine Senkrechte S S″ und zieht c S″, so ist dies die gesuchte Schnittlinie, auf welcher sich der Schatten des Punktes b befindet. Als dieser Schatten ergibt sich Punkt d und a c d als Schatten der Linie a b.

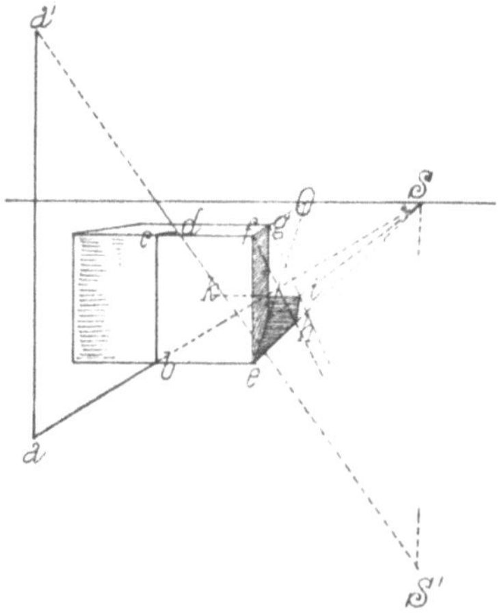

Fig. 633.

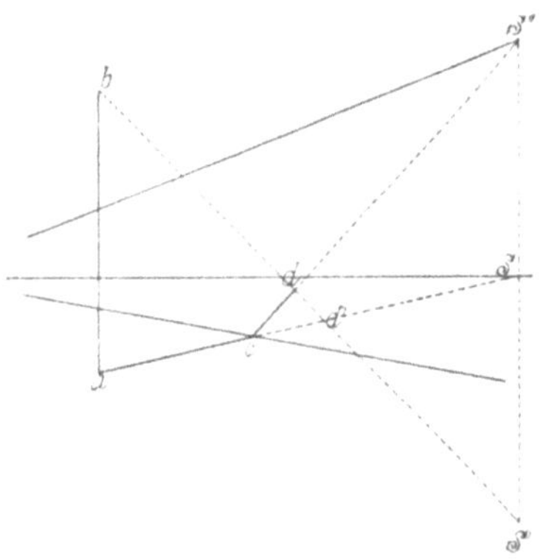

Fig. 634.

Handelt es sich um die Schattenbestimmung einer zur Grundebene schiefen Linie a b, so legt man durch den obersten Punkt b eine Lichtebene, indem man von b ein Lot b c auf die Grundebene fällt und in

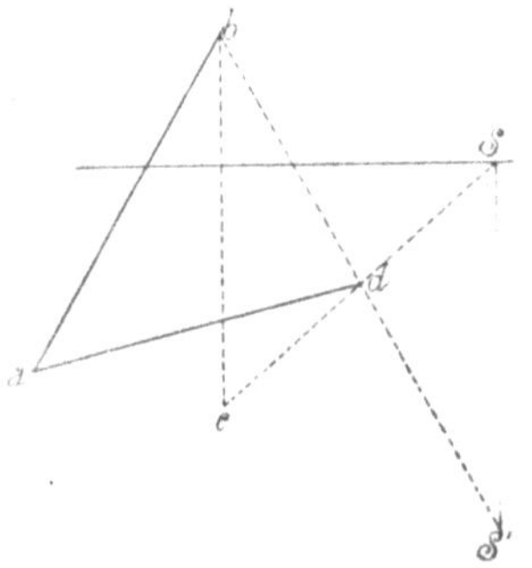

Fig. 635.

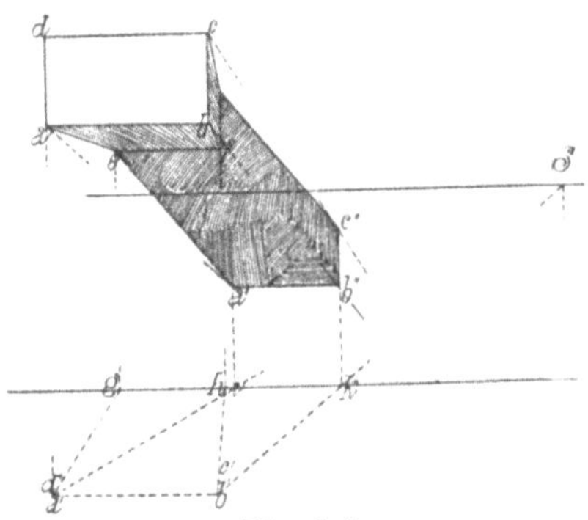

Fig. 636.

c S die Lichtrichtung bezeichnet. Die Linie b S′ ergibt in d den Schatten des Punktes b und die Linie d a den Schatten der Linie a b (Fig. 635).

Bei Figur 636 hat man eine zur Bildfläche parallele Wand, aus welcher in a b c d ein Balken herausragt. Bei allen Körpern, die nicht selbst auf der Grundebene stehen, muß man ihre Grundform senkrecht unter ihnen auf dieser Ebene feststellen und von der Grundform aus zunächst die Richtung des Schattens bestimmen. In dem Rechteck a′ b′ h g hat man die Grundform, zieht von a′ und b′ aus Linien nach S, errichtet in i und k Lote in der Wandfläche, so erhält man durch die Lichtstrahlen von a, b und c aus die Schattenpunkte a″, b″ und c″ und damit die Form des auf die Wand geworfenen Schlagschattens.

Durch die Punkte S und S′ ist die Lichtrichtung gegeben (Fig. 637). Der Schatten der senkrechten Kante a b auf. die Grundebene und die

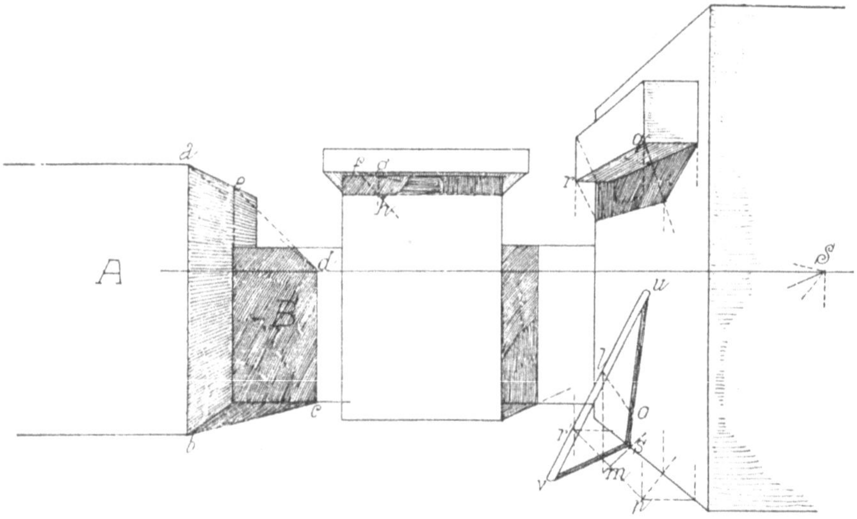

Fig. 637.

weiter zurückstehende Wand wird wie bei Figur 633 bestimmt; nun ist die Fortsetzung des durch die horizontale Kante a e hervorgerufenen Schattens zu bestimmen. Würde die Wandfläche B bis e heraufreichen, so müßte der auf B fallende Schlagschatten in e beginnen und bis d gehen; also schließt die Linie d e den Schatten nach oben ab. In f hat man eine zur Bildfläche parallele Kante, die ihren Schatten auf eine ebenfalls zur Bildfläche parallele Wandfläche wirft; man braucht also nur den Schatten des beliebigen Punktes f auf der Wand zu bestimmen, indem man v on f nach S und in g eine Senkrechte zieht. Ein Lichtstrahl von f nach S′ ergibt den Schattenpunkt h, und eine Horizontale durch h den Schatten der ausladenden Kante. Der an der Wand lehnende Stab u v wird naturgemäß seinen Schatten auf Boden und Wand werfen.

Nimmt man auf dem Stab einen beliebigen Punkt 1 an und sucht den Schatten desselben in o, so ist u o s der Schatten des Stabes, soweit er auf die Wand fällt, und v s der Schatten auf dem Boden. Um den Schatten der vorspringenden Platte q r zu finden, braucht man deren Grundform p r′, worauf der Schatten der einzelnen Ecken wie bei Figur 636 gesucht wird.

Anstatt zur Schattengebung eine unendlich ferne Lichtquelle anzunehmen und die Richtung der von dieser ausgehenden Strahlen durch

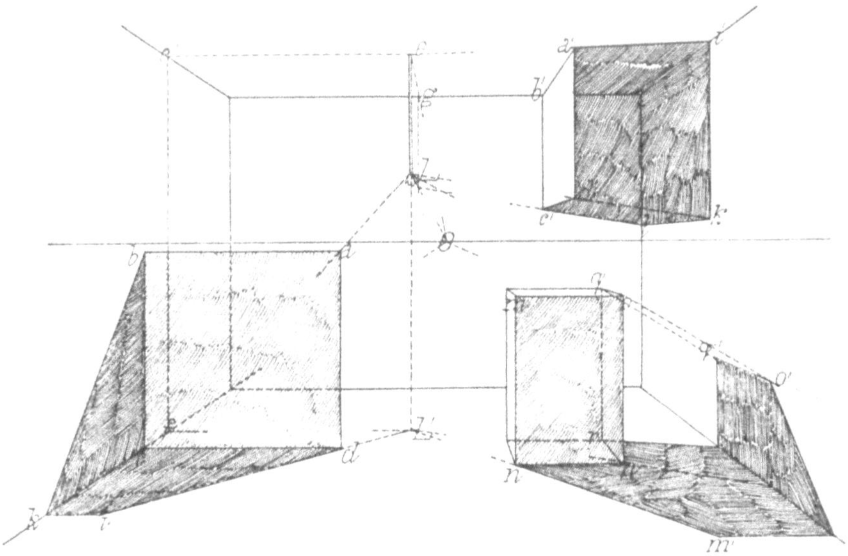

Fig. 638.

die Fluchtpunkte festzulegen, kann man auch, besonders bei Darstellung von Innenräumen, eine Lichtquelle innerhalb dieses Raumes annehmen.

Ist L (Fig. 638) der leuchtende Punkt, so bestimmt man zunächst die Horizontalprojektion desselben, d. h. man sucht am Boden denjenigen Punkt, der senkrecht unter L sich befindet, was am besten durch die Linien e e′, e′ f und f L′ geschieht. Der Punkt L′ übernimmt hier die gleiche Funktion, wie bei früheren Lösungen der Punkt S am Horizont, d. h. er gibt die Richtung der Lichtstrahlen an, während die Neigung derselben zur Grundebene und damit die Länge des Schlagschattens von der Höhe des Punktes L selbst abhängt. Als Schatten der Kante a d ergibt sich also die Linie d i, i k wird geometrisch horizontal gezogen, weil a b es ebenfalls ist, worauf k b die Form des Schlagschattens vervollständigt. Für die Schattenbestimmung der Fläche a′ b′ c′ d′ ist statt des Punktes L′ der Punkt e bequemer, weil hierdurch die Horizontalprojektion der Linie a′ d′ entbehrlich wird. Die Schattenbestimmung für das freistehende Prisma erfolgt wie bei Figur 633, indem L den Punkt S′ und L′ den Punkt S vertritt.

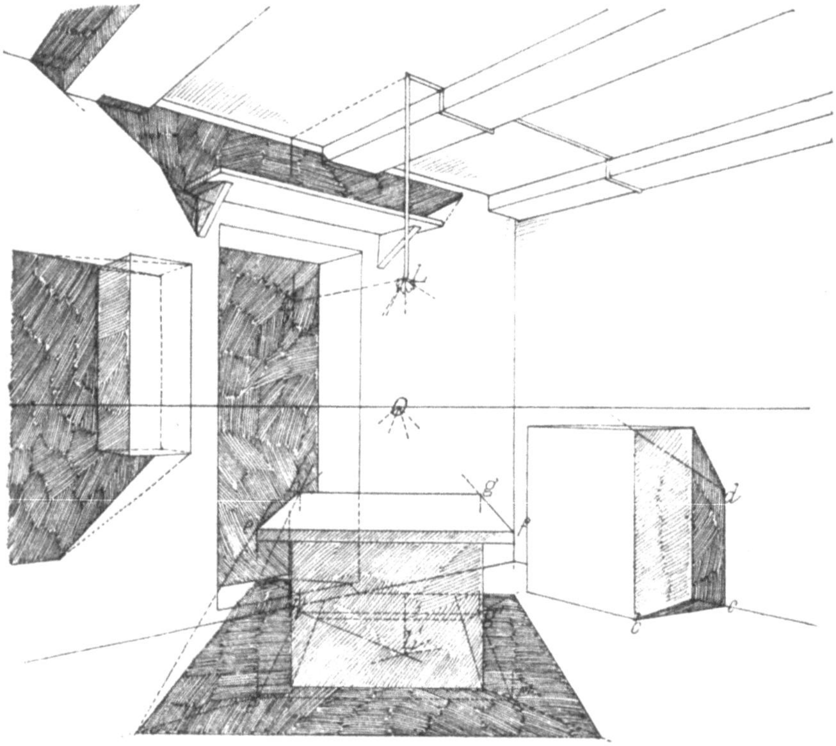

Fig. 639.

Bei Figur 639 muß ebenfalls zur Schattenbestimmung von Tisch und Schrank der Punkt L′ senkrecht unter L bestimmt werden, worauf die Schattenfigur b c d wie bei der vorhergehenden Aufgabe gefunden wird. Da bei dem Tisch die vorspringende Platte für den Schatten maßgebend ist, so bestimmt man zuerst die Linien e′ f′ g′ h′ senkrecht unter e f g h und benützt die Punkte in gleicher Weise wie früher, indem man sie mit L′ und die Punkte e f g h mit L verbindet; die Schnittpunkte der Verbindungslinien ergeben die Schattenpunkte der Tischecken. Für die Schlagschatten des Schränkchens links, des Brettes über der Türe und

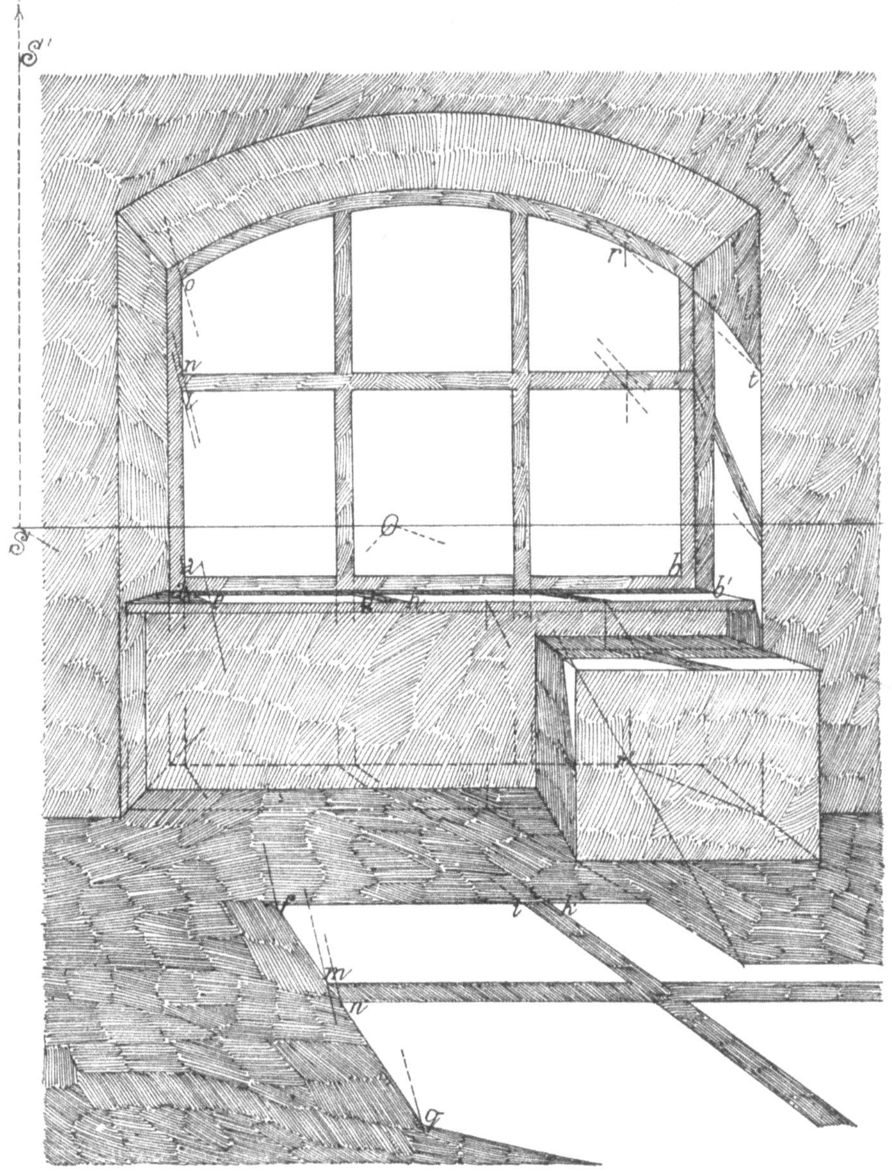

Fig. 640.

der Balken an der Decke kommt die linke Wand in Betracht, weshalb man vom Lichtpunkt L aus eine Senkrechte L L″ auf diese Wand fällt und von L'' aus die Richtung der Schattenlinien bestimmt. Die Strahlen von L aus ergeben die notwendigen Schattenpunkte.

Bei Figur 640 soll die durch das Fenster hereinfallende Lichtpartie bestimmt werden, nachdem man in S' die Lichtquelle und in S den Fluchtpunkt der Lichtrichtung angenommen hat. Zunächst muß der Schatten a' e und a' b' auf der Fensterbank bestimmt werden, indem man Punkt a mit S' und a' mit S verbindet. Von e, g und h an setzt sich der Schatten auf dem Boden fort, wobei die Punkte f, i und k von e, g und h aus und die Punkte m, p und q von l, n und o aus bestimmt werden. Sucht man den Schatten des Punktes r, r' in t, so erhält man die Schattenkurve, welche der Fensterbogen auf der Leibung hervorbringt.

Spiegelperspektive.

Die Gelegenheit zum Zeichnen von Spiegelbildern ergibt sich, wenn man eine klare, unbewegte Wasserfläche vor sich hat, in welcher sich die dahinter befindlichen Gegenstände spiegeln. Das im Wasser er-

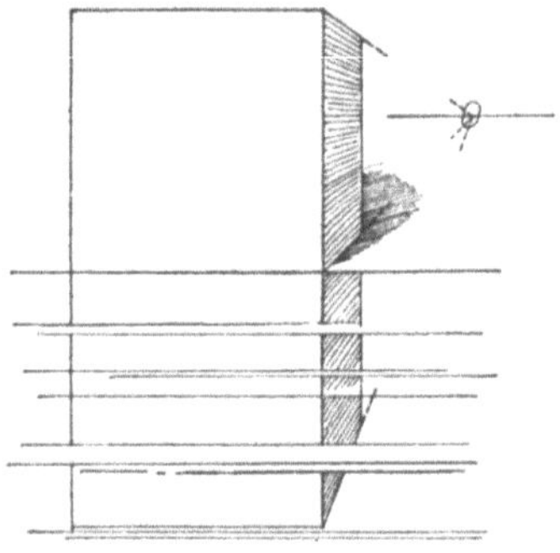

Fig. 641.

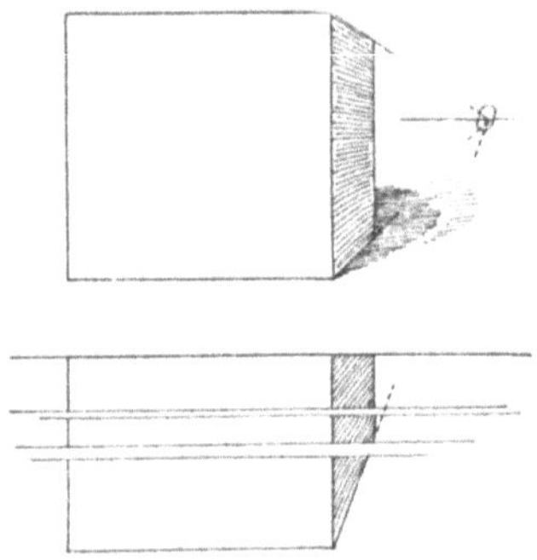

Fig. 642.

scheinende Spiegelbild gibt die Form des betreffenden Gegenstandes mit voller Genauigkeit wieder, nur mit dem Unterschied, daß im Spiegel alles auf den Kopf gestellt ist. Die Spiegelbilder von horizontalen Linien sind parallel mit ihrem Original, d. h. haben denselben Fluchtpunkt; senkrechte Linien erhalten im Bild ihre Fortsetzung, und ist eine Linie parallel mit der Bildfläche, so ist es auch ihr Bild. Erhebt sich ein Gegenstand unmittelbar aus der Wasserfläche, so wird der Spiegel das ganze

Bild wiedergeben; tritt aber ein Körper oder eine Kante desselben vom Wasser zurück, so erscheint diese nur teilweise im Bilde.

Zum Bestimmen der Spiegelbilder verlängert man die senkrechten Kanten abwärts; handelt es sich um unregelmäßige Formen von Bäumen und Bergen, so führt man ihre hervorragendsten Punkte nach unten. Bei Figur 641 werden zur Ermittlung des Spiegelbildes die direkt aus der Wasserfläche aufsteigenden Kanten um sich selbst nach unten verlängert; die Bilder von Linien, die nach dem Augpunkt gerichtet sind, gehen ebenfalls nach dem Augpunkt. Hat man aber eine senkrechte Linie, die

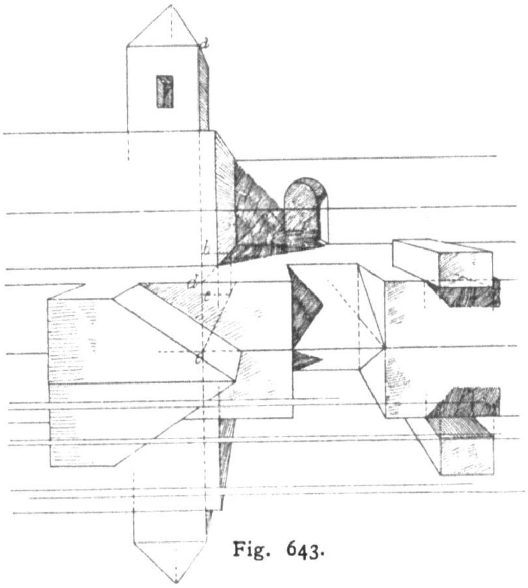

Fig. 643.

vom Wasser zurücksteht, wie die Kante a b (Fig. 643), so verlängert man sie nach unten und bestimmt den Punkt, wo sie, wenn man sich die Wasserfläche horizontal verlängert denkt, auf derselben auftreffen würde. Dies geschieht in Punkt c, worauf man die ganze Strecke c a nach unten abträgt.

Sollen gekrümmte Linien im Bilde dargestellt werden, so bestimmt man auf ihnen einige Punkte und fällt von diesen Lote auf die Wasserfläche, die man dann nach unten verlängert, wie z. B. das Lot a c nach c a′ um sich selbst verlängert wird. Auf ähnliche Weise hilft man sich bei schiefen Linien; man fällt vom obersten Punkt solcher Linien ein Lot auf die Wasserfläche und verlängert dieses um seine Länge nach unten.

Vogelperspektive.

Darunter versteht man die Darstellung von Bildern von einem bedeutend erhöhten Standpunkt aus. Da der Horizont immer in Augenhöhe sein muß, so wird bei solchen Darstellungen die Grundebene als stark ansteigend erscheinen, und infolgedessen werden alle Gegenstände sich tief unter den Augen des Beschauers zeigen.

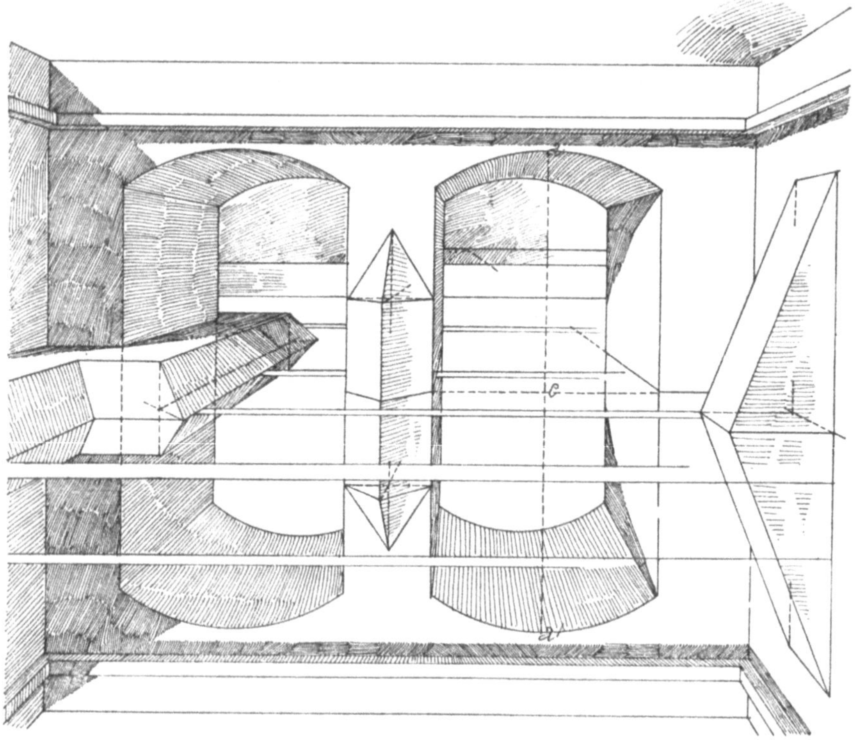

Fig. 644.

Man braucht diese Art von Perspektive vornehmlich bei Plakaten zum Darstellen von Fabrikanlagen, Ausstellungen usw., wo es darauf ankommt, womöglich sämtliche Gegenstände einer dichtgedrängten Gruppe zu zeigen. Zum Zeichnen nach der Natur wird es fast nie einen günstigen Standpunkt für solche Bilder geben, weshalb dieselben aus dem geometrischen Grundriß heraus konstruktiv dargestellt werden. Die Bestimmung der Hilfspunkte geschieht, wie früher angegeben (Fig. 645).

Luftperspektive.

Die Luft füllt den ganzen Raum aus, aber trotz ihrer Durchsichtigkeit und ihres losen Zusammenhangs müssen wir sie als wahrnehmbaren Körper betrachten. Ist die Luft auch an und für sich farblos, so ist doch Farbe in ihr zu entdecken, wenn wir sie in tausendfältiger Schichte ins Auge fassen. Betrachtet man einen dunklen Körper durch ein erleuchtetes, aber nicht vollkommen durchsichtiges Medium, so er-

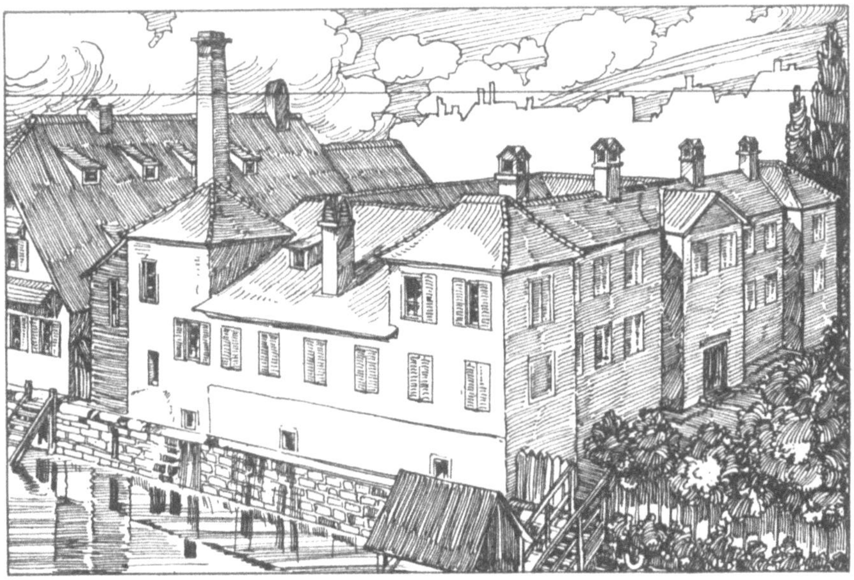

Fig. 645.

scheint er blau. Der ganze Himmelsraum ist vollständig schwarz, aber durch das Dazwischentreten des durchleuchteten Luftmediums erscheint er blau. So erscheint uns alles, was durch eine ausgedehnte Luftschichte von uns getrennt ist, z. B. entfernte Berge, Wälder u. dgl. Je heller und glänzender ein Gegenstand ist, desto geringer ist der Einfluß der Luft auf seine Farbe, weshalb die Wirkung der Luft mehr in den Schattenpartien zur Geltung kommt. Bei sehr nahen Objekten wird die Lichtpartie in hellem Weiß und der Schatten in tiefem Dunkel erscheinen, weil eben der mildernde Einfluß einer ausgedehnten Luftschichte fehlt. Abgesehen von der Entfernung, gibt die Luft jedem Schatten einen bläulichen Ton, der sich besonders an Flächen bemerkbar macht, die am weitesten vom Licht entfernt sind. Auch der Lokalton wird eine Änderung erfahren, wo er heller als der Schatten erscheint. Diese Beobachtung der Luftreflexe werden wir an jedem Körper im Freien machen (nicht zu verwechseln mit Reflexen, die ein Körper auf den andern wirft). Im allgemeinen unterscheidet man Luft-, Farben- und Lichtreflexe; letztere wirken auf alle im Freien stehenden Körper ein.

Farbenreflexe entstehen, wenn Körper von verschiedener Lokalfarbe beieinander sind, so daß der beleuchtete Teil des einen die Schattenpartie des anderen so beeinflußt, daß die Farbe des zurückgeworfenen Lichtstrahls des einen mit dem Lokalton des anderen Körpers einen Mittelton bildet. Würden z. B. die von einem roten Stoff zurückgeworfenen Lichtstrahlen auf die Schattenseite eines blauen Körpers fallen, so entstünde auf letzterem ein violetter Reflex, der sich um so entschiedener zeigt, je reiner die Hauptfarben Rot und Blau vorhanden sind. Ist aber eine der beiden Hauptfarben gegen die andere im Nachteil, so wird sich der Reflex mehr dem Ton der stärkeren zuneigen, ohne aber die Eigenschaft als violetter Reflex einzubüßen. Es ist auch möglich, daß Farben, die ganz im Schatten sind, durch ihren Gegensatz reflexähnlich aufeinander einwirken.

Lichtreflexe sind solche, welche jeder von der Sonne beleuchtete Körper mehr oder weniger zurückwirft. Diese Reflexe wirken nur als einfache Erhellung des Schattens, ohne Einfluß auf die Färbung des anderen Körpers. Bei allen Reflexen aber wirkt die Luft als milderndes, verbindendes Medium — auch dann, wenn ihr eigener Reflex nicht mehr in die Erscheinung tritt (bei geringerer Entfernung). Es ist darauf zu achten, daß Licht- und Schattenmassen getrennt und jedes in seiner Weise behandelt werde. Alle Formen, die sich in der beschatteten Fläche oder vollständig im Schlagschatten befinden, können nur durch Reflexe oder sekundäres Licht erleuchtet sein, welches die Gegenstände auf der dem wirklichen Licht entgegengesetzten Seite erhellt. Die entschiedensten Gegensätze entstehen bei Sonnenlicht im Freien, wenn die Luft das sekundäre Licht bildet, oder im geschlossenen Raum, wenn hellfarbige, scharfbeleuchtete Körper den Reflex bewirken. Der Reflex wird sich bei jedem Körper bemerkbar machen. Auch ohne Reflex macht sich der Einfluß der Luft auf die Farbenwirkung geltend. In der Entfernung verliert jede Fläche Licht, Schatten und Farbe durch das Dazwischentreten der Luft. Wenn eine in der Nähe befindliche, stark beleuchtete Fläche im Licht beinahe reines Weiß zeigt, so wird eben dieses Licht bei größerer Entfernung allmählich in Grau übergehen. Die gleiche Beobachtung macht man auch beim Schatten: während derselbe in der Nähe am dunkelsten und klarsten ist, verliert er beide Eigenschaften bei zunehmender Entfernung, bis sich am Horizont Licht und Schatten in einem Ton auflösen, der zwischen beiden die Mitte hält. Jeder Schlagschatten auf der Grundebene wird um einen Ton dunkler sein als der Selbstschatten. Die Beleuchtung der Grundebene nimmt im Verhältnis der Entfernung ebenso ab, wie bei jeder senkrechten Fläche. Die Tönung des Himmels folgt mehr dem Schatten — die Farbe wird gegen den Horizont lichter, wie jede Farbe mit der Entfernung lichter und matter wird.

Die an einer beleuchteten Fläche gemachte Wahrnehmung der Tonabstufung muß auf alle kleineren Flächen angewendet werden, d. h. jede Abstufung von Licht, Schatten und Lokalton muß beobachtet und wiedergegeben werden, selbst wenn die Tonunterschiede kaum bemerkbar sind. Schon die Seiten eines kleinen Würfels unterliegen den Gesetzen der Luftperspektive: der näherliegende Teil der Schattenpartie ist etwas dunkler zu halten als der entferntere, ebenso muß der entferntere Teil der Lichtseite gegenüber dem näherliegenden abgetönt sein. Die Wirkung der Luftperspektive wird noch erhöht durch eine optische Täuschung, die bei allen Körpern zu beobachten ist. Bringt man z. B. einen Würfel in diagonale Stellung, so daß die eine Seite im Licht, die andere dagegen im Selbstschatten liegt, so wird man leicht erkennen, daß Licht und Schatten da am stärksten sind, wo sie zusammenstoßen. Diese Erscheinung ist so auffallend, daß die Ursache nicht allein an der Luftwirkung liegen kann, sondern daß der natürliche Gegensatz zwischen Licht und Schatten diese Verschärfung bewirkt. Diese Gegensätze müssen genau beobachtet und wiedergegeben werden, denn man hat jede Erscheinung in der Natur als ein Gesetz zu betrachten, ohne welches deren Wirkung niemals erreicht werden kann.

Bei jeder perspektivischen Fläche muß also Licht, Schatten und Farbe abgetönt, luftig gehalten werden. Je ausgedehnter die Luftschichte zwischen Beschauer und Objekt ist, desto matter und gedämpfter erscheint es uns in allen Tönen, desto auffälliger wird der bläuliche Schleier über ihm. Dieses Blau ist aber ganz anders als dasjenige, welches der Luftreflex in den Schattenpartien hervorbringt. Letzteres ist lebhafter und gibt dem Schatten in Form und Farbe erhöhte Klarheit, während das andere Blau die Körper mehr verdeckt und weniger deutlich erscheinen läßt.

Das Licht wird abgeschwächt, indem man es dunkler macht, der Schatten wird gemildert durch Aufhellen, und der Lokalton wird schwächer, indem man ihm die Schärfe nimmt, ihn bricht.

Die Ferne macht die Gegenstände undeutlich, verschwommen. Man kann diesem Umstand schon durch die Zeichnung gerecht werden, indem man dieselben, besonders in den Lichtpartien, möglichst zart und leicht andeutet. Die Schlagschatten sind dunkler als die Körper und ihre Schattenseiten, wobei aber starke Reflexe und Farbengegensätze eine Ausnahme bewirken können. Auch die Abstufung der Lokaltöne kann durch Reflexe Veränderungen erfahren, doch nur ausnahmsweise.

Konstruktive Perspektive.

Wenn die freie Perspektive dem Maler zur Unterstützung seines Augenmaßes dient und ihm daher ein eingehendes Naturstudium ermöglicht, so daß er bei Ausführung seiner Bilder die malerische Wirkung — soweit sie von der Zeichnung abhängt — sicher beherrscht, so hilft die konstruktive Perspektive dem Architekten seine Entwürfe bildlicher gestalten. Ihm kommt es darauf an, von irgend einem Projekt, dessen Größenverhältnisse ihm in Grund- und Aufriß genau bekannt sind, ein mathematisch genaues Bild zu konstruieren, dadurch seinen Plan verständlicher zu gestalten und dessen malerische Wirkung zu erhöhen. Bei Darstellung seiner Bilder ist es dem Architekten nicht möglich, von einer schon vorhandenen perspektivischen Linie auszugehen, um auf Grund von Lage und Richtung derselben die Hilfspunkte zu bestimmen, sondern er muß sich nach den Projektionen seines Objekts richten, er muß zu dem Grundriß des von ihm darzustellenden Gegenstandes den Grundriß seiner Bildfläche und den Standpunkt genau bestimmen. Die Darstellungsmethode des perspektivischen Bildes ist im Grunde genommen die gleiche: die vom Auge aus nach den Ecken des zu zeichnenden Objekts gezogenen Sehstrahlen durchdringen die Bildfläche, worauf die Verbindungslinien der Durchdringungspunkte das perspektivische Bild ergeben. Im Grundriß werden die Strahlen vom Standpunkt aus gezogen, denn dieser ist die Horizontalprojektion des

Auges. Sind dann im Aufriß die Durchdringungspunkte ebenfalls bestimmt, so wird die Bildfläche dem Auge des Beschauers zugewendet, worauf das perspektivische Bild erscheint. Die Schnittlinie einer durch das Auge gelegten horizontalen Ebene mit der Bildfläche ergibt den Horizont, der Fußpunkt eines Lotes vom Auge nach der Bildfläche den Augpunkt (Fig. 646).

Im Quadrat a b c d ist der Grundriß eines Würfels bestimmt (Fig. 647); mit a b zusammenfallend die Bildfläche B und in F der Stand- oder Fußpunkt. F O ist die Horizontalspur der Hauptebene und die Strecke O h gleich der Augenhöhe.

Das Bild der Linie a b muß, weil in der Bildfläche befindlich, in a′ b′ mit der Grundlinie zusammenfallen, während die Quadratseiten a d und

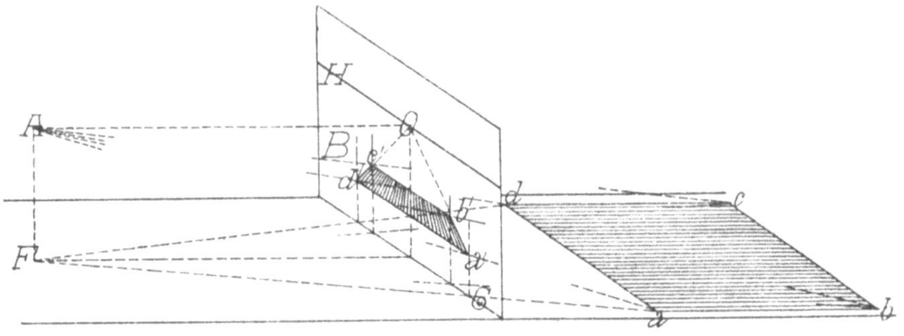

Fig. 646.

b c in a′ d′ und b′ c′ nach dem Augpunkt gerichtet sein müssen. Aus den Durchdringungspunkten e und f sind die Ecken c′ und d′ durch Lote zu ermitteln. Fällt die Seite eines Körpers, wie bei Figur 647 die vordere Seite des Würfels, mit der Bildfläche zusammen, so ist diese Seite gleich der geometrischen Projektion, d. h. das Bild der Seite fällt mit der Projektion zusammen.

Tritt im Grundriß das Quadrat a b c d hinter die Bildfläche zurück (Fig. 648), so wird das Bild a′ b′ der Quadratseite a b kleiner werden, als ihre geometrische Projektion; und zwar ergibt sich der Unterschied aus den Schnittpunkten 1 und 2. Demgemäß muß auch die vordere Seite des Würfels im Bild kleiner sein. e g wäre die Körperhöhe in geometrischer Größe; wäre aber für den Körper eine andere Größe bestimmt, so müßte dieselbe in e f aufgetragen werden, woraus der Satz abgeleitet wird, daß jede für ein perspektivisches Bild bestimmte Größe in der Bildfläche aufgetragen werden muß.

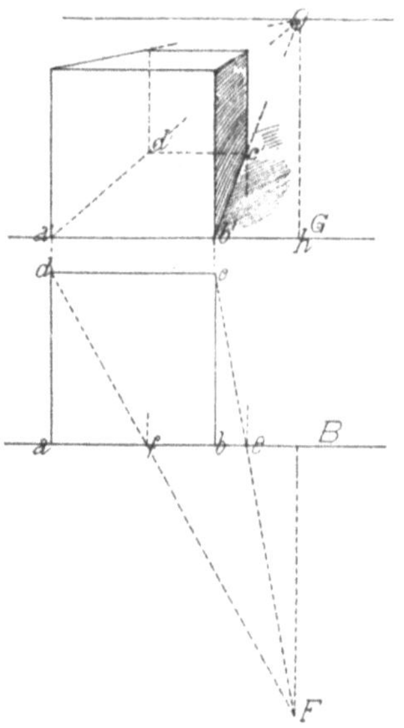

Fig. 647.

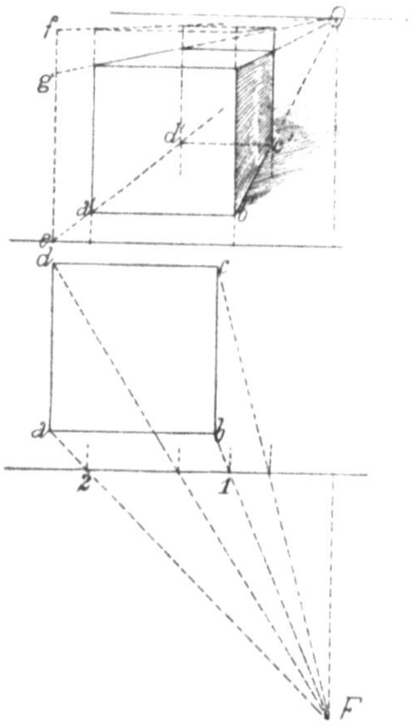

Fig. 648.

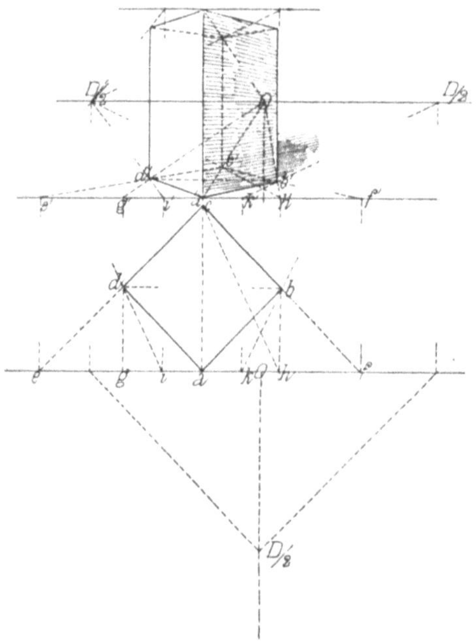

Fig. 649.

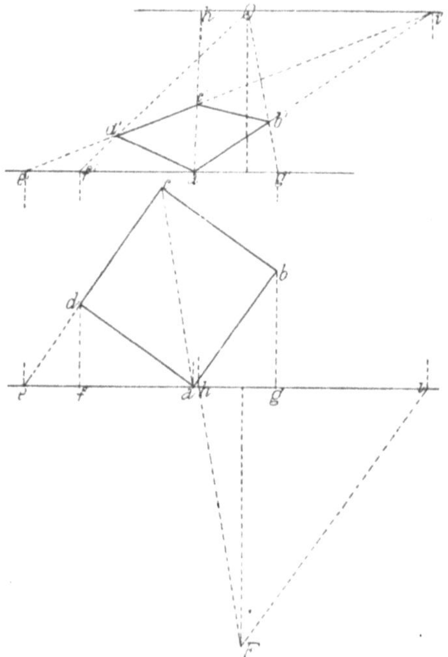

Fig. 650.

Wenn sich das Quadrat in diagonaler Stellung befindet, so müssen die Seiten nach den Distanzpunkten gerichtet sein. Man findet dieselben, indem man die Distanz oder den Abstand des Standpunkts von der Bildfläche vom Augpunkt aus auf den Horizont abträgt oder vom Standpunkt aus mit den Quadratseiten Parallelen zur Bildfläche zieht und die gefundenen Punkte senkrecht zum Horizont bringt. Von den Punkten e′, a′ und f′ nach den Distanzpunkten gezogene Linien ergeben das Bild des Quadrats (Fig. 649).

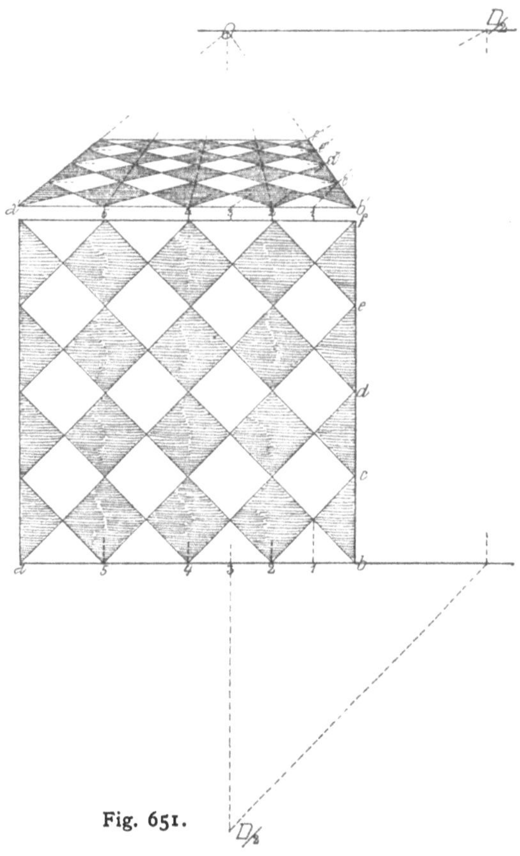

Fig. 651.

Bei beschränkter Darstellungsfläche sind die Distanzpunkte nicht erreichbar, weshalb man sich mit halber oder manchmal mit noch geringerer Distanz helfen muß. In O $D/_2$ ist z. B. die halbe Distanz vorhanden. Die Linien d g und h b müssen nach dem Augpunkt gehen; halbiert man aber die Strecke g a in i und zieht die Linie d i, so muß diese Linie nach dem halben Distanzpunkt gerichtet sein. Bringt man i nach i′, so erhält man in d′g′i′ das Bild des rechtwinkeligen Dreiecks d g i. Auf die gleiche Weise erhält man in c′a′h′ das Bild des Dreiecks c a h und somit die Ecken d′ und c′ des perspektivischen Quadrats. Punkt b′ findet man durch eine geometrische Horizontale von d′ aus. Auf die gleiche Art könnte auch $D/_3$ oder $D/_4$ verwendet werden (Fig. 649).

Befindet sich aber das Quadrat in akzidentaler Stellung (Fig. 650), so sucht man durch die mit a b gezogene Parallele F i den Fluchtpunkt i′ der Quadratseiten d c und a b zu bestimmen; ferner bestimmt man in h′ den Fluchtpunkt der Diagonale a c. Zieht man die Senkrechten d f und b g, so lassen sich durch die Bilder f′ O und g′ O die Punkte d′

und b′ leicht ermitteln. Punkt c′ findet man durch das Bild der Diagonale a′ h′. Der Fluchtpunkt der Linien a d und b c ist wegen der starken Neigung derselben zur Bildfläche nicht erreichbar.

Die Konstruktion des Bildes aus dem gegebenen Grundriß (Fig. 651) geschieht in der Weise, daß man, um die vorhandene halbe Distanz zu verwenden, die Strecke 2 b halbiert und durch die Linie $D/_2$ den Punkt c′ erhält. Die weiteren Punkte d′, e′, f′ erhält man ebenso durch Linien aus 2, 3 und 4. Überträgt man die Punkte c′, d′, e′, f′ auf die andere Seite, zieht ferner von 2, 4 und 5 aus Linien zum Augpunkt, so lassen sich die Quadratseiten leicht finden.

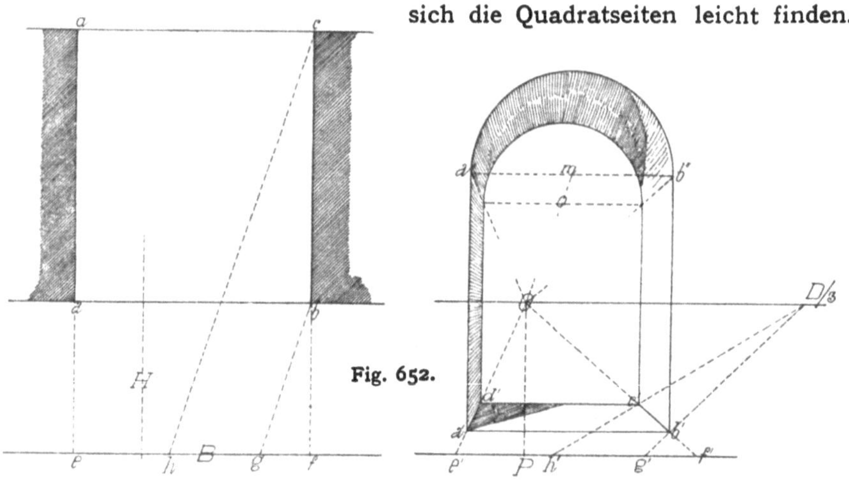

Fig. 652.

Bei Figur 652 ist der Grundriß eines Torbogens gegeben; die Bildfläche ist in B bestimmt. Wegen Platzmangels fehlt der Standpunkt, die Distanz ist in einem Drittel ihrer Länge in O/D_3 angegeben. Das Lot O P ist gleich der Spur der Hauptebene, die auch im Grundriß bei H angegeben ist. Die Punkte e und f werden auf die Grundlinie nach e′ und f′ übertragen und mit dem Augpunkt verbunden. Teilt man die Strecke f b in drei Teile und macht f g gleich $^1/_3$ f b, so muß die Linie g b nach $D/_3$ gerichtet sein. f g nach f′ g′ abgetragen und g′ $D/_3$ gezogen ergibt Punkt b′ und durch eine Horizontale auch a′. Die Lote a′ a″ und b′ b″ werden geometrisch gleichgemacht und um den Halbierungspunkt m der Linie a″ b″ der Bogen als Zirkelkreis hineingezogen. Die Tiefe des ganzen Torbogens b′ c′ erhält man durch die Linie c h, die man parallel der Linie b g zieht und die infolgedessen auch nach $D/_3$ gerichtet sein muß.

VIII

Das architektonische Zeichnen

Von

Karl Statsmann

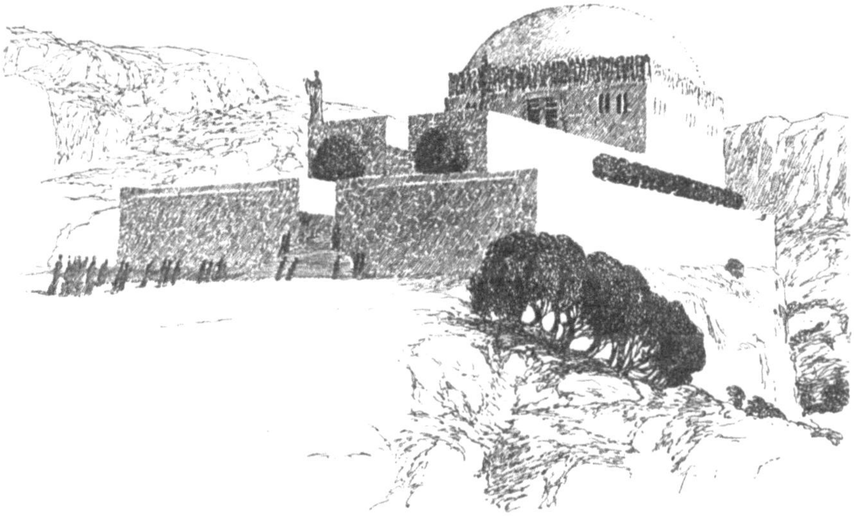

Fig. 653. Aus dem Werk: H. Billing, Architekturskizzen.

Das architektonische Zeichnen (im folgenden kurz A. Z. bezeichnet) ist ein gebundenes, soweit nicht nur der Bleistift zum Zeichnen verwendet, sondern Schiene, Reißzeug, Winkel u. a., und ein freies, wenn nur mit dem Stift aus freier Hand gezeichnet wird.

Beim freien A. Z. wird eine Skizze eines Architekturobjekts oder von dessen Teilen, meist auf Skizzenpapier (Skizzenbuch, Block, kleines Reißbrett) gefertigt. Diese Skizze kann flüchtig, in allgemeinen Strichen, oder ausführlicher hergestellt sein, ohne oder mit Schattierung, in Bleistift, mit der Zeichenfeder, mit Farbstift, Rohrfeder, getuscht u. a. — Betrifft sie Ansichten von Gebäuden und deren Teilen in freier schaubildlicher Darstellung, so fällt sie auch in das Gebiet der freihändigen malerischen Zeichnung. Werden aber Architekturen in Maßskizzen aufgenommen zum Zwecke des späteren Aufzeichnens auf dem Reißbrett, so leiten diese Skizzen in das Gebiet des A. Z., ein Teil des technischen Zeichnens, über. Beide Arten des A. Z. sind vereinigt bei Herstellung einer schaubildlichen Darstellung eines Gebäudes, gezeichnet mit Hilfe von Schiene, Winkel, Zirkel, Reißfeder, Zeichenfeder, wobei dann mit freier Hand etwa Schatten und Staffage beigefügt werden, oder falls das mit Bleistift vorgezeichnete Schaubild mit Tusche in strenger oder freier, in einfacher oder reicherer Manier fertiggestellt wird.

Die beiden Hauptgebiete, das eigentliche A. Z. und das freie A. Z. (die architektonische Skizze), werden beim Zeichnen baulicher Objekte meist derart angewandt, daß zunächst vom Gebäude eine Vorstudie, Vorskizze, entworfen oder gezeichnet, meist in kleinerem Maßstab, mit Bleistift oder Feder, und daß nachher erst in größerem Maßstab das Ganze aufgetragen wird; oder man fertigt eine Maßskizze nach der Natur und trägt diese auf dem Zeichenbrett genau auf. Indessen mögen die freien, in die Gattung des malerischen Zeichnens gehörenden Studien und die als Skizze anzusehenden erst am Ende dieses Kapitels besprochen werden, da sie doch die weniger häufige Art des A. Z. darstellen.

I. Die Hilfsmittel.

a) Architektonische Zeichnungen werden häufig, zumal zur Vorlage an Behörden, vervielfältigt. Am einfachsten geschieht dies durch das Lichtpauseverfahren. Gewöhnlich fertigt man dann nach den Originalplänen eine Pause auf Pausepapier (durchscheinendes), welche auf lichtempfindlichem Papier unter Glasrahmen der Wirkung der Lichtstrahlen ausgesetzt wird in besonders konstruierten Glasrahmen. Nach genügender Exponierung wird das Lichtpausepapier in ein Wasserbad [1]) gesetzt und dann getrocknet. Man erhält eine Zeichnung mit schwärzlichen Linien auf hellem Papiergrund oder mit weißen Linien auf blauem Grund. Die ältere Art der Vervielfältigung ist diejenige durch Steindruck; vom Original wird eine Pause auf präpariertem (entfettetem) Pausepapier angefertigt, welche vom Steindrucker durch Einätzen auf den Stein übertragen wird. Bei dieser Vervielfältigungsart kann man eine unbegrenzte Anzahl von Abdrücken herstellen lassen, während jene Lichtpauseart doch nur mit Mühe, Zeit und Mehrkosten eine größere Zahl zuläßt. Indessen erhält man hierbei nie das Original in allen Teilen genau reproduziert; will man das erreichen, so muß nach dem Original selbst direkt eine elektrische Lichtpause gefertigt werden, oder es muß eine Übertragung auf eine nachzuätzende Platte stattfinden, wie dies bei Herstellung von Katasterplänen in Anwendung kommt. Für die meisten Fälle der Baupraxis genügt aber die Vervielfältigung in 2 bis 3 Exemplaren, wobei man ja dann noch das Original dazu besitzt. Es ist zu empfehlen, stets die Originale zurückzuhalten und für Baustellen, Werkplätze und Eingaben

[1]) Auch Trockenbäder sind üblich.

FSC
www.fsc.org
MIX
Papier | Fördert
gute Waldnutzung
FSC® C083411

Kolibri 360 GmbH
Ferdinand-Jühlke-Straße 7
99095 Erfurt, Deutschland
produktsicherheit@kolibri360.de